南国棕榈——

热带风情代言人

郝爽 著

孙·鹤 蔡静莹 绘

中国林业出版社

图书在版编目（CIP）数据

南国棕榈：热带风情代言人 / 郝爽著；孙鹤，蔡静莹绘. -- 北京：中国林业出版社，2018.5
（南国草木）ISBN 978-7-5038-9580-7

Ⅰ.①南… Ⅱ.①郝… ②孙… ③蔡… Ⅲ.①棕榈科－图集 Ⅳ.①Q949.71-64

中国版本图书馆CIP数据核字(2018)第119395号

审图号：GS（2018）5214号

中国林业出版社·生态保护出版中心
策划与责任编辑：肖静

出版发行 中国林业出版社（100009 北京市西城区德内大街刘海胡同7号）
E-mail: forestryxj@126.com 电话：(010) 83143577
http://lycb. forestry.gov.cn

印	刷	固安县京平诚乾印刷有限公司
版	次	2018年10月第1版
印	次	2018年10月第1次印刷
开	本	880mm×1230mm 1/32
印	张	3.625
字	数	120千字
定	价	50.00

写在文前

　　作为一个现居深圳、曾经工作生活在北京的东北人，有感于东北人民的"海南情结"，以及帝都人民对碧海蓝天的向往，我经常在想，在温暖的气候、清新的空气、常绿的植物背后，是谁在真正代言这份令人神往的热带风情？

　　——棕榈植物挺拔的身姿、硕大的叶片，在植物界独树一帜的形态和火力全开的气场，让我不禁想到 T 台上的超模。我想，正是这群植物界的超模撑起了南国景观大舞台上经典的热带风情。但是植物界远不及娱乐圈热闹，就算哪个棕榈"超模"濒临灭绝，它都上不了一把热搜。更令人唏嘘的是，园林圈和娱乐圈一样也渴求新面孔，棕榈植物在众多新兴引种植物的光环下，盛况不再。然而，当下就连娱乐圈都在大兴复古之风，作为多年来孜孜不倦为城市绿化做出了卓越贡献的经典南国树种，棕榈植物难道不值得来个华丽丽的翻红么？

　　如果您在这本小册子的陪伴下度过了几次轻松愉悦的下午茶时光、旅途时光、厕所时光后，出门开始不自觉地寻找和辨认身边那些傻傻分不清楚的椰子、大王椰子、银海枣、散尾葵，如果有越来越多人开始关注和讨论身边的植物，我想我就会有动力继续带你认识更多的南国草木。

说起热带风情，

你会想到什么？

明媚的阳光？

细密的沙滩？

温柔的海浪？

潮湿的空气？

······

对啦！

必须还有那满眼的

椰 子 树！

再见

寒冬！

多年以后，

历史是否会记住

这场为躲避天寒地冻而进行的迁徙？

2017·02

小·李家的空气净化器已经连续工作72·小·时……

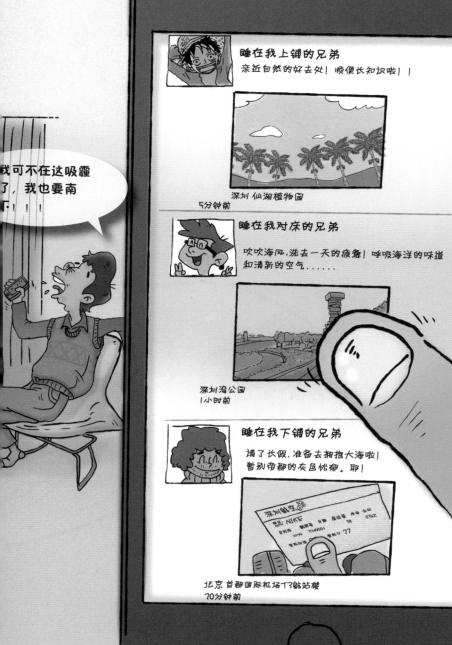

冲出

雾霾！

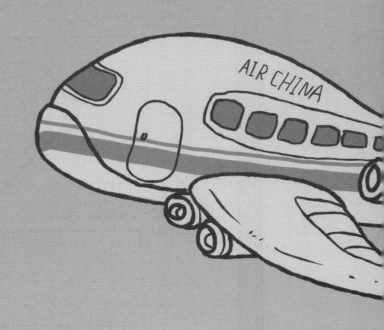

多年以后，

历史是否会记住

这场为追求新鲜空气而进行的迁徙？

以椰子树为代表的棕榈植物是北方人心目中热带风情代言人的不二之选

2 棕榈植物，即指棕榈科植物

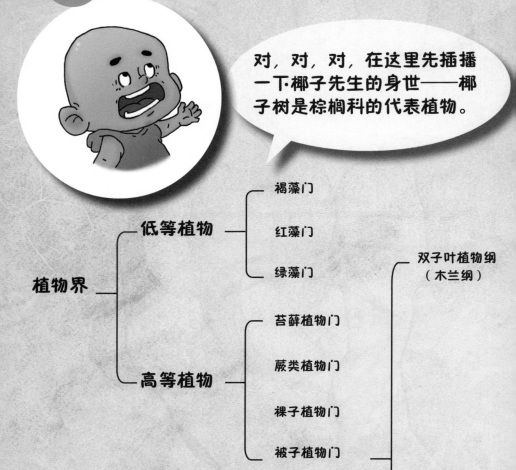

对，对，对，在这里先插播一下·椰子先生的身世——椰子树是棕榈科的代表植物。

植物界
- 低等植物
  - 褐藻门
  - 红藻门
  - 绿藻门
- 高等植物
  - 苔藓植物门
  - 蕨类植物门
  - 裸子植物门
  - 被子植物门
    - 双子叶植物纲（木兰纲）
    - 单子叶植物纲（百合纲）

我们通常所说的"棕榈植物"

指的就是棕榈科植物，世界范围内

共有190属2364种，分布在热带、亚热带地区。

在植物分类学上，棕榈科是被子植物门单子叶植物纲下

的一个科，和常见的豆科、蔷薇科、兰科等都是并列的。

木兰目 ——— 木兰科、番荔枝科、肉豆蔻科

樟目 ——— 樟科、蜡梅科、金粟兰科……

金缕梅目 ——— 悬铃木科、连香树科、领春木科……

石竹目 ——— 石竹科、商陆科、紫茉莉科、仙人掌科、苋科……

蔷薇目 ——— 蔷薇科、豆科、八仙花科、茶藨子科、景天科……

菊目 ——— 菊科

桔梗目 ——— 桔梗科、草海桐科、花柱草科

……

天南星目 ——— 天南星科、浮萍科

姜目 ——— 姜科、芭蕉科、竹芋科、美人蕉科、旅人蕉科

兰目 ——— 兰科、水玉簪科、地蜂草科、腐蛛草科

莎草目 ——— 莎草科、禾本科

棕榈目 ——— 棕榈科 PALM ——— I'm here!

凤梨目 ——— 凤梨科

百合目 ——— 百合科、龙舌兰科、薯蓣科、风信子科、秋水仙科……

……

3 棕榈植物是植物界的超模

那请问在如此众多的竞争对手中，你们棕榈科拿下热带风情代言，依靠的是团队的哪些核心竞争力呢？

大概因为我们是植物界的**超模**吧！

超模？

此话怎讲？

4 棕榈植物是单子叶植物
——只长高，不长胖！

我们有天生的瘦子基因，怎么都吃不胖——我们是单子叶植物！

单子叶植物的茎在幼年就完成横向生长，之后主要进行竖向生长，增粗不明显。

种子植物分单子叶植物和双子叶植物，树干是植物的茎。

成熟双子叶植物的茎由树皮、韧皮部、木质部、髓和形成层组成，其中形成层的细胞可以不断分裂，产生次生韧皮部和次生木质部，导致树干持续增粗；

单子叶植物的茎由表皮、基本组织和散生的维管束三部分组成，和双子叶植物相比缺少增粗生长所需的形成层。

来如此，
叫人羡慕、嫉妒、恨！

单子叶植物茎干断面

一岁时
（结构已定型）

表皮
基本组织
散生维管束

三岁时
（结构不变，缓慢生长）

表皮
基本组织
散生维管束

身材保持没话说！

双子叶植物茎干断面

树皮（表皮+周皮）
初生韧皮部

形成层：
不断分生，向外形
成新的韧皮部，向
内形成新的木质部

髓
初生木质部

一岁时

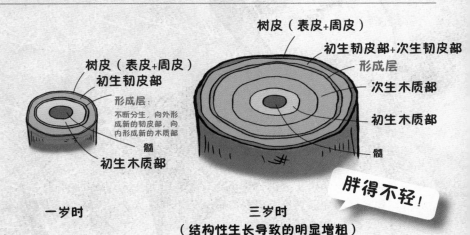

树皮（表皮+周皮）
初生韧皮部+次生韧皮部
形成层
次生木质部
初生木质部
髓

三岁时
（结构性生长导致的明显增粗）

胖得不轻！

5 拥有高大茎干的棕榈植物，在一众矮小的单子叶草本植物中鹤立鸡群

作为单子叶草本植物，我们的茎干坚硬高大，经常让人误会我们是乔木[1]——其实我们只是个儿高。**巨型草本**说的就是我们！

乔木：有明显主干，一般指高达6米以上的木本植物。

单子叶植物都是**草本植物**。

草本植物和木本植物的直观区别是：草本植物茎干柔软、纤细、易弯折，且多为绿色；木本植物茎干坚硬、不易弯折，且通常粗壮，棕褐色居多。

但从严格的植物学意义上讲，是否具有木质部才是区分草本植物和木本植物的标准。单子叶植物因为不具有形成层，无法形成木质部，所以都是草本植物。

---

1. 常见棕榈植物多表现出直立不分枝的乔木状，也有少数棕榈植物表现为**丛生灌木**或**攀缘藤本状**。

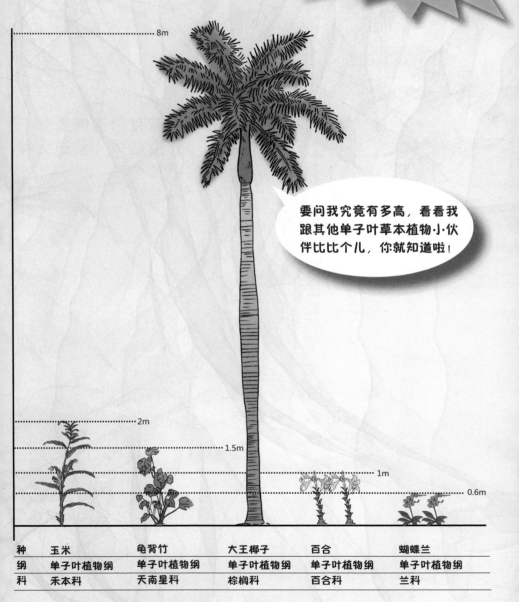

要问我究竟有多高，看看我跟其他单子叶草本植物小伙伴比比个儿，你就知道啦！

种	玉米	龟背竹	大王椰子	百合	蝴蝶兰
纲	单子叶植物纲	单子叶植物纲	单子叶植物纲	单子叶植物纲	单子叶植物纲
科	禾本科	天南星科	棕榈科	百合科	兰科

还有我们这气质——直立挺拔，霸道女神范儿！

嗯——的确跟外面那些婀娜多姿的树形不一样！

单干型棕榈植物通常不分枝。[2]

棕榈植物的茎仅有顶芽而无腋芽。顶芽使植株不断长出新叶并增高，腋芽使植物长出侧枝。不具备腋芽，植物就无法分枝。

顶芽

腋芽

头顶

腋窝

没有腋芽的棕榈植物

有腋芽的猴樟

有腋芽的柳树

2. 棕榈植物有单生和丛生之分，以单生种类居多。两者的共同点是茎干通直，且通常不分枝。

的确，您这瘦、高、直的身材，不作超模真是浪费！那么，长期游走时尚圈，除了天赋异禀的身材优势，您是否还有扮靓秘笈要和我们分享？

Sure！那就来说说我们的发型和着装风格吧！

"超模"的蓬松秀发
——叶片

首先来看让我们在植物界时尚圈异军突起的前卫"发型"——聚生枝顶的巨大叶片！

直立型棕榈科植物叶片常绿、轮生、螺旋状排列于枝顶[3]，形成一个集中的树冠，好像一头茂盛的秀发。

3. 少数攀缘类棕榈植物叶片散生于茎上，数量多而小。

叶鞘：叶柄一端与叶片相连，另一端扩展成宽而扁的部分，完全或部分包住茎干，起支撑、连接和保护叶片的作用。

棕榈植物叶片巨大，最大可长达25米，所以棕榈植物通常只有10～15片叶，多的也不过30～40片。每片叶子包括叶片、叶柄、叶鞘三部分，掌状复叶或羽状复叶，分裂成若干小叶。

你有没有曾经以为这一根小·小·细·细的小·叶就是一整片叶子？——no，no，no，那只是复叶中的一片小·叶，上百片小·叶才构成一片完整的复叶（从枝条上的一个叶芽中抽生出来的叶子才是一片完整的叶子）。

"羽"状叶

"掌"状叶

8 "超模"的时髦外衣
——叶痕与叶基

ga ga

再来看看我们这另类的着装，在植物界也是独树一帜吧！

多数棕榈科植物每长出一片新叶，就会有一片老叶自然脱落，并伴随树干的向上生长。叶片完全脱落后会在树干上留下痕迹，称为"叶痕"；不完全脱落的，叶子基部残存在树干上；少数种类叶片干枯后一直留在树干上，不会自行脱落。随着老叶不断脱落、干枯，植物不断长高，棕榈植物的树干逐渐被叶痕和残存叶基、干枯叶片包裹，好似它们的外衣。

有人热爱 呼啦圈 装

若棕榈植物叶鞘完全包裹茎干，则叶片完全脱落后的叶痕呈环形，称为"叶环痕"。随着叶片不断脱落，叶痕不断积累，好像一层一层的呼啦圈。

假槟榔树干上的叶环痕

有人热爱 鱼鳞 装

残存的叶基包裹茎干，并不断积累，好像一层凸起的鱼鳞。

银海枣树干被残存叶基覆盖

有人热爱 草裙 装

叶片干枯后不会自行脱落，残存的枯叶包围树干，好似穿了一条草裙。

老人葵宿存枯叶形成的叶裙

还有一些棕榈植物喜欢在脖子上做文章，爱戴 "围脖" 和 "领花"。

冠茎 是一些羽状叶棕榈植物特有的结构，位于茎干的上部，紧接树冠，好像 "超模" 戴了围巾。其实它由圆筒形的叶鞘紧密旋叠而成，起保护茎尖生长点的作用。颜色通常为绿色，少数为红色、白色、橙色等其他颜色。

多数棕榈植物的 花序 从叶腋伸出，与树冠融为一体，好像 "超模" 们戴了 "头花"；也有一些棕榈植物（多数是具有冠茎的）并不喜欢中规中矩的 "头花" ——它们的花序从冠茎下方伸出，仿佛萝莉胸前的蝴蝶结。

嗯，听您这样分析完了，你们棕榈植物的天赋和品位的确足以称霸时尚圈！而且，听说你们在南方艺坛已经称霸多年了！

的确，棕榈植物已经不是什么小鲜肉了，我们个个都是老戏骨。想当初我们最红的20世纪90年代，棕榈家族可是华南地区城市绿化的主力军团之一，可以说我们也是一代人的**城市记忆**！

棕榈植物曾经是道路绿化的主力军，
现在逐渐被新兴的园林树种取代……

大王椰子像哨兵一样守卫在各大公园门口……
喇叭裤、蛤蟆镜、大王椰子，
是那个时代的标配。

深圳特色的旧厂房、
瓷砖楼、大王椰,
今天你还可以找到当年的影子……

10 为什么不去北方发展？

那么，作为植物界时尚圈的常青树，您是否考虑过去北方发展？要知道，棕榈植物可是北方人民心目中可望而不可及的巨星啊！

北京★

更北的北京也想请我们去——这个真去不了……那是要我们老命啊！所以，他们只好带着对我们的崇拜搞些我们的蜡像放屋里。

僵硬脸——
一看就是山寨的！

北京欢迎你

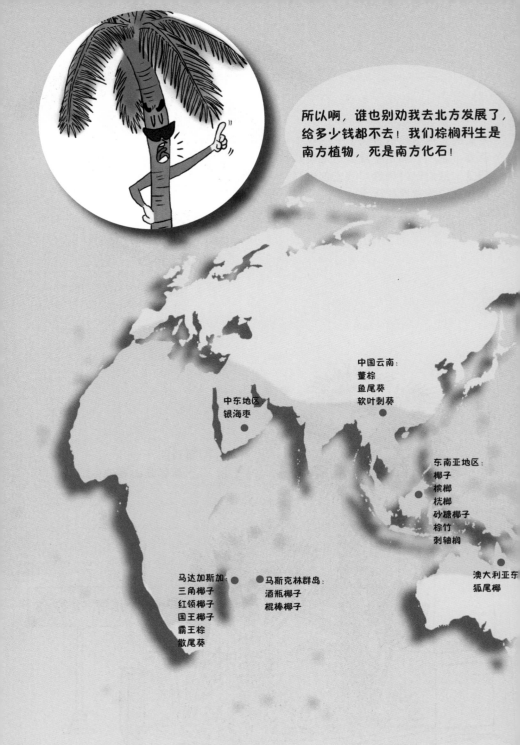

棕榈植物广泛分布于世界的 热带和亚热带湿润地区, 大多数的棕榈科植物生长于热带海岛、低地或高山雨林地区, 个别种类可生长于热带草原、疏林地或荒漠之中。 有的棕榈科植物生长于潮湿的海岸、溪流边或沼泽地, 水椰等还可以在水中生存。

注：本世界地图未显示南极大陆。

美国南部：
假槟榔
丝葵

中南美洲：
菜王椰
金山葵
袖珍椰子
弓葵

图例

▬ 棕榈植物分布范围

● 重要的棕榈植物原产地

另外，虽然出众的外形让我们拿下了热带风情代言人的称号，我们也不能不择手段只为出镜曝光。其实我们棕榈植物也是不折不扣的实力派，有很多才艺被外形的光环给冲淡了——人类的衣、食、住、行都有我们的身影哦！

哦？说来听听。

棕榈植物为人类提供了很多美味的 **食物**。

喝的椰汁就不用说了，来了热带海岛不手捧个大椰子拍照，都不好意思发朋友圈！

常见的、外皮坚硬的椰子，其实是椰子巨大的种子，我们食用的椰肉、椰汁，都是种子内的胚乳。卖家在销售之前，通常已经把绿色厚纤维质、没有食用价值的果肉部分去掉了。

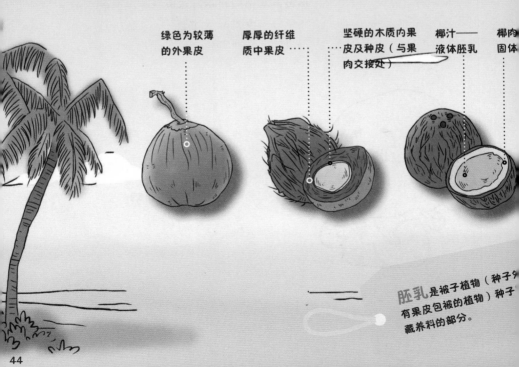

绿色为较薄的外果皮

厚厚的纤维质中果皮

坚硬的木质内果皮及种皮（与果肉交接处）

椰汁——液体胚乳

椰肉固体

胚乳 是被子植物（种子外有果皮包被的植物）种子内藏养料的部分。

油棕、椰子等10个属的棕榈种类果实、种子含油量高，油棕果含油率70%，种子含油率50%。马来西亚和印度尼西亚是最大的棕榈油生产国，我国每年消费的棕榈油占食用油市场总量的20%。

伊拉克蜜枣的果实，也称椰枣或海枣，原产于西亚和北非，中东地区栽培最多，营养丰富、味道甜美，可生食，也可制作果汁、果酱、蜜饯，是地中海地区重要食物。

蛇皮果是棕榈科蛇皮果属植物的果实，果皮似蛇皮，但果肉肥厚甜美，柔软多汁，是东南亚地区高档水果。

砂糖椰子、糖棕、贝叶棕、椰子、董棕的花序汁液含糖量高，都可用来熬制砂糖。

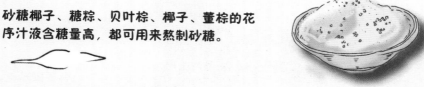

出现在椰汁西米露等很多甜品中的西米是由西谷椰子茎干提炼的淀粉制成的。

棕榈植物还为人类提供了丰富的**生活用品**和**工业产品**。

棕榈植物的叶片、叶鞘及某些果实中含有大量纤维，可以用来制造各种生活用品，大到建筑材料，小到家具、绳索。

椰棕床垫具有冬暖夏凉、透气吸湿、抗菌防虫、延年耐用的特点。

不论南北都非常常见的蒲扇，是用蒲葵或老人葵的嫩叶制作的。

还有藤编家具、扫帚、绳索等各类生活用品。

棕榈植物不仅提供人们居家旅行必备良品，同时还是工业生产中的万金油。

棕榈油除了可以食用外，也是一种高级的工业润滑油。

烘干的椰子硬壳含有99%纤维素和木质素，经加热分解可产生椰壳活性炭。

巴西的蜡棕是棕榈蜡的主要来源，可用于制造化妆品、鞋油、地板蜡、蜡烛、光滑剂、复写纸、唱片等。

12 各地棕榈"扛把子"

北京★

下面就让我们来认识南方几大主要区域棕榈植物的"扛把子"！虽然种类不同，但它们个个浑身是宝，用实力称霸地区！

棕榈植物虽广泛分布在我国南方地区，但地区气候和人们偏好的差异，使得各地区最常见的棕榈植物并不相同。

● 中部霸主——棕榈

● 华南霸主——大王椰子

● 海南霸主——椰子

海南霸主

椰子

科属：棕榈科椰子属

拉丁名：*Cocos nucifera*

原产地：印度南部及亚洲热带岛屿

椰子是热带风情的代表树种、棕榈家族中当之无愧的**一号网红、棕榈一姐**。每一条海岛游的朋友圈中都会有她的身影。椰子本尊是我国海南地区最主要的棕榈植物，在其他热带、亚热带地区它并非老大。

不了解棕榈植物的人把所有棕榈植物统称"椰子树"，其实"椰子树"本尊有着飘逸下垂的叶片以及弯曲倾斜的树干，好似海风中摇曳多姿的婀娜舞者——如此形态，也的确扛得起"一姐"之称。

在国内，椰子种植最多的地方是海南省，包括国产的食用椰子也多是海南产的。作为棕榈一姐，椰子绝不是徒有其名，它实实在在地为人们的生活贡献了很多实用的产品。

国宴饮料

天然椰汁

香甜椰糖

椰壳纤维地毯

很多小叶片像羽毛一样排列在叶柄延伸出的叶轴两侧的叶子叫羽状复叶。一回全裂是指只有一根主叶轴（叶轴不再分枝），且小叶分裂直达叶轴，形成完全不相连的单独小叶。

华南霸主

大王椰子大概是最容易跟椰子混淆的树种，但如果你是在华南地区看到大片列植的棕榈植物，大王椰子的概率会比椰子更高。而二者最明显的区别是 **大王椰子的树干是笔直的！** 列植时好像一排排威武的哨兵，这大概也是为什么大家喜欢把它们成排种植在各种大门口的原因吧。

除树干外，大王椰子的叶片比椰子的叶片立体，看起来毛茸茸，颜色也更深；并且大王椰子树冠基部有一段明显的**绿色冠茎**，是椰子不具备的。

道路、公园、厂房、小区，哪里缺树种哪里。
——So easy！

大王椰子

科属：棕榈科大王椰子属（王棕属）
别名：王棕、大王棕
拉丁名：*Roystonea regia*
原产地：美国南部、加勒比海岸及岛屿

但是近年来，南方人民逐渐开始偏爱新奇的植物，城市中种植了很多新近引种的植物。大王椰子的演出合约越来越少，新的城市建设项目很少再使用它。它和喇叭裤、手电筒、留声机一样，正在逐渐成为一个时代的历史符号。

1982.08.22

中部霸主

棕榈

科属：棕榈科棕榈属
拉丁名：*Trachycarpus fortunei*
原产地：中国

棕榈是棕榈植物中耐寒性最强的种类，除了上不了青藏高原，越不过秦岭山脉，在秦岭以南的大部分地区都能生活！

棕榈——如此霸气的棕榈科"科长"，没有成为热带风情代言人的No.1（棕榈在海南、华南等热带、亚热带地区并不常见），除了外形不如椰子秀丽外，其实还亏在它太能"吃苦耐劳"——由于耐寒性很强，在冬季相对寒冷的中部地区，棕榈科中只有棕榈一种傲寒而立。于是它凭着这一本领抢占了中部的棕榈植物市场！上海、杭州等地街头、公园都经常可见成片的棕榈树。

用途广泛的棕叶鞘纤维

浑身是宝的"科长"

棕榈树最大的外形特征是树干上密密麻麻的叶鞘纤维将整棵树干包裹起来。这种天然的纤维材料被人类广泛地应用在了各种生活用品的制造中。

棕榈的叶片颜色比较深，掌状叶分裂出的小叶数量也比较多，叶片硬挺平展，也被开发出了各种用途。

棕榈叶编织的动物工艺品

用棕榈的叶片制成的蒲扇

棕榈叶鞘纤维制作的蓑衣
和草帽

棕榈叶鞘纤维制作的韧性
十足的棕榈绳

13 过目不忘的奇特棕榈

有些棕榈植物虽无法在数量上跟地区霸主抗衡，但却凭借超高辨识度的独特外形让人过目不忘。

快来猜猜看，下面这些好玩的物品分别代表了哪种棕榈植物？

"国王"和"皇后"究竟有什么样的故事呢？请看它们的树冠基部！

国王椰子

科属：棕榈科国王椰属

拉丁名：*Ravenea rivularis*

原产地：马达加斯加南部

就说像不像？

树冠基部的叶鞘一片叠一片地排列起来，像不像国王皇冠？

国王、皇后是一家，可是看样子这个"皇后"比"国王"要高大啊！——是的，国王椰子虽然名为国王，但其实一般常见的国王椰子成年人踮脚都是可以够到树冠的，而皇后葵就没那么容易了，它像一棵高大的乔木。

皇后葵

科属：棕榈科金山葵属

别名：金山葵

拉丁名：*Syagrus romanzoffiana*

原产地：巴西、巴拉圭、阿根廷等热带国家

就说像不像？

后葵的树冠基部叶鞘像皇冠
座，叶片又似皇后皇冠上飘
，柔软下垂的羽毛，是不是
叫"皇后葵"？

两者的树干和树冠形态也都不相同，国王椰子树干下部逐渐膨大，皇后葵树干通直；国王椰子的亮绿色叶片整齐如梳子，清新秀丽，皇后葵的叶片绿色更深一些，并且柔软下垂。

酒瓶椰子

科属：棕榈科酒瓶椰子属

拉丁名：*Hyophorbe lagenicaulis*

原产地：马斯克林群岛

酒瓶肚、三毛头
出场自带特效

酒瓶肚——明显中下部膨大的树干，和酒瓶别无二致。

三毛头——一般棕榈植物的叶片会有几十片，看起来很是茂密，而酒瓶椰子的叶片最多不超过5片，是名副其实的"一只手就数得过来"。虽然数量少，但它的叶轴两侧的小叶向上折叠，嫩绿的颜色，整齐昂扬的姿态，也是倍儿精神！

对了，它还有绝不会被叶子挡住的明显的冠茎。

棍棒椰子

科属：棕榈科酒瓶椰子属

拉丁名：*Hyophorbe verschaffeltii*

原产地：马斯克林群岛

棍棒椰子与酒瓶椰子同属，同样是"发量稀疏"（大约6~10片叶子）的棕榈植物。不同的是：棍棒椰子小叶排成多列，比酒瓶椰子利落的三毛头略显毛躁；身高比酒瓶椰子高；树干的中部膨大粗壮，好似棍棒。

抡起"棍棒"

冲啊！

狐尾椰

科属：棕榈科狐尾椰属（二枝棕属）

拉丁名：*Wodyetia bifurcata*

原产地：澳大利亚东北部（昆士兰）

有人在身上做特效，有人在头上做特效，狐尾椰的

小 圈 / 古 围
整 绕
整 古
了 转 轴
叫作 **轮生**

所以，狐尾椰的叶子超级有立体感，好像毛茸茸的狐狸尾巴，吸睛率十足。

狐尾椰也有一个绿色的冠茎，而且它的花序很大，花落后花序呈现坚硬的木质——一个花序就好似一棵小·树。

弓葵

科属：棕榈科弓葵属

别名：布迪椰子、冻子椰子

拉丁名：*Butia capitata*

原产地：巴西、乌拉圭

弓葵因叶子强烈的弯弓下垂而得名。植株矮小·粗壮，叶鞘宿存，灰绿色叶片强烈弯弓下垂。同时，它还有个别名叫冻子椰子——它的果肉可以食用，在原产地被用来做果冻。

红领椰子

科属：棕榈科马岛棕属

拉丁名：*Dypsis leptocheilos*

原产地：马达加斯加

红领椰子，顾名思义，有红色的领子——棕榈植物的"领子"就是冠茎，所以红色的冠茎是它的名片。然而，它的英文名字并不叫red collar palm（红领椰子），而叫Teddy bear palm（泰迪熊棕榈）。这是为什么呢？

冠茎不稀奇
红色却罕见

请看泰迪熊的经典红外套——红领椰子的冠茎上也有一层类似质感的红色绒毛。所以，童心未泯的老外们给它起名"泰迪熊椰子"。现在再看红领椰子，有没有莫名多了一层萌感？

马达加斯加

红领椰子属棕榈科马岛棕属。"马岛"即指马达加斯加群岛，相信大家都已经通过电影《马达加斯加》对那个神奇岛屿上的可爱动物有了深刻的印象。没想到吧，这个岛屿上的植物也那么神奇。这本书中收录的很多棕榈植物都是原产自马达加斯加，除红领椰子外，还有三角椰子和散尾葵。由于岛屿跟大陆的隔离，野生的马岛棕属植物只分布在马达加斯加，群岛以外的该属植物都为引种。

三角椰子

科属：棕榈科马岛棕属

拉丁名：*Dypsis decaryi*

原产地：马达加斯加

马岛棕属又一识别性超强的棕榈植物。它的叶片分三列向上生长，所以对应树冠基部的叶鞘也呈三列交叠，并且每列叶鞘外缘有一条凸出的楞，导致树冠基部呈现出清晰的三个面——也就是它的剖面是三角形。

软叶刺葵

科属：棕榈科刺葵属
别名：美丽针葵、江边刺葵
拉丁名：*Phoenix roebelenii*
原产地：中国云南及中南半岛

软叶刺葵有着秀丽飘逸的叶片，并且通常叶片前端会略泛黄色；树干经常弯曲。城市中常见的软叶刺葵多是单干型的，但其在野生环境下多是<u>丛生状的（多根干）</u>。除了用作园林绿化，小型的个体也可以作室内盆栽。

软叶刺葵的叶片脱落后会在树干上留下一个明显的三角形凸起的叶痕，整个树干像挂满了铆钉，看起来很有攻击性。但其实它不是永远这么高冷——像人一样，上部年轻的叶痕带着犀利的杀气，越靠近树干基部，年老的叶痕越是被岁月磨平了棱角……

软叶刺葵的"刺"是指尖利的叶痕么？

No, no, no，软叶刺葵是棕榈科刺葵属植物。之所以叫刺葵属，是因为该属植物的叶柄基部都有尖刺，与叶痕和叶鞘并无关系。

加拿利海枣

科属：棕榈科刺葵属

拉丁名：*Phoenix canariensis*

原产地：加纳利群岛

人为修剪保留
的部分叶鞘

叶柄自然脱落
后的波状叶痕

加拿利海枣与软叶刺葵同为刺葵属，但外形差异却很大。加拿利海枣的树干粗壮挺拔，球形树冠整齐利落，树干顶部还有一个识别度超强的"菠萝头"。一条如此威武雄壮的棕榈汉子在华南地区的出场费可是不低——在城市环境中，基本你能见到它的地方，不是豪宅就是新区——有钱、任性。

波状的几何纹理 + 突出的厚度 = 菠萝头

加拿利海枣的叶柄剖面呈菱形，所以叶片脱落后，树干上紧密排列的菱形叶痕形成了波浪状的秩序——波状叶痕。而其头顶上超酷的"菠萝头"，其实是为了保护其顶端的生长点，修剪时人为留下了部分叶柄。

短穗鱼尾葵

科属：棕榈科鱼尾葵属

拉丁名：*Caryota mitis*

原产地：中国海南、广西等地

并不常见的
二回全裂叶

看多了齐刷刷的羽状复叶一回全裂，终于迎来了二回全裂的鱼尾葵属，并且鱼尾葵属的小叶不是常见的披针形，而是似鱼尾一样的楔形，整片大叶的前端下垂。本书收录的几种鱼尾葵属植物都原产于中国，是我国的乡土树种。

鱼尾葵属特有的鱼尾状小叶

鱼尾葵

科属：棕榈科鱼尾葵属
拉丁名：*Caryota ochlandra*
原产地：中国海南、广东、云南、广西

鱼尾葵的巨大花序

短穗鱼尾葵在城市中比较多见，但鱼尾葵属真正的"属长"是鱼尾葵。"短穗"二字道出了两者的差别，"短穗"也正是针对于一般鱼尾葵而言——鱼尾葵有着长可达3米的大型鲜黄色花序（淡红色果序），逢花期和果期，巨大的花序/果序甚是耀眼。除此之外，不同于短穗鱼尾葵的丛生，鱼尾葵是单干型棕榈植物。

一回羽状全裂

二回羽状全裂

一回全裂是指只有一根主叶轴（叶轴不再分枝），且小叶分裂直达叶轴，形成完全不相连的单独小叶。

二回全裂是指主叶轴再次分枝，独立的小叶着生在分枝后的次叶轴上。

董棕

科属：棕榈科鱼尾葵属

别名：孔雀椰子

拉丁名：*Caryota mitis*

原产地：中国云南、广西、西藏

董棕在中国野外分布最多的地区为云南，但由于董棕本身繁殖能力较弱，加之近年来过度采伐、生境破坏等客观原因，使得如此优美的棕榈树种数量锐减，目前已被列入国家二级重点保护野生植物。

同为鱼尾葵属，有着鱼尾形的小叶，但与鱼尾葵和短穗鱼尾葵不同，董棕的大叶片呈现圆滑的椭圆形，整齐而平展，集中在枝顶，好似孔雀开屏，故名"孔雀椰子"。此外，董棕的树干中下部膨大。

单子叶植物茎的粗细和叶子的形态在幼年时期就基本定型，后期主要进行茎的增高生长。所以，你会看到两棵棕榈植物，树冠（叶片部分）以及树干顶端部分长得很像，大小也差不多，唯独下面的树干高度相差甚远！请不要怀疑，它们的确是同一种植物——棕榈植物的生长并不是各部分等比例的变大，后期往往只有树干的长度在增加。霸王棕和蒲葵就经常有高度相差很多的不同个体。

只有树干长短不同其他竟然都一样！错，这是单子叶植的生长规律。

生长点位置

生长点向上伸长，长出越来高的树干。随着树干增高，部叶片逐渐脱落，脱落后的干棕色，有环状叶痕，远看一株深棕色树干的高大植物

幼年蒲葵叶片前端还未下垂，整个叶片嫩绿开展；树干也未长高。这样的小蒲葵宝宝有个可爱的名字——**蒲葵仔**。

蒲葵

科属：棕榈科蒲葵属

拉丁名：*Livistona chinensis*

原产地：中国台湾、广东、海南

北方虽很少见活的棕榈植物，但蒲葵却是成功打入神州大地所有地区人民的生活——北京胡同大爷都人手一把的蒲扇就出自蒲葵叶片。

成年蒲葵掌状叶的前端分叉成两条，并且弯折下垂，使树冠看起来很是飘逸。

成年蒲葵树干同样可以分成两部分：下部树干叶鞘脱落后有环状叶痕和纵裂纹；上部叶鞘宿存，并且叶鞘间缠绕着厚厚的纤维。

霸王棕

科属：棕榈科霸王棕属

别名：俾斯麦棕

拉丁名：*Bismarckia nobilis*

原产地：马达加斯加西部稀树草原

俾斯麦：1871至1890年出任德意志帝国首任宰相，人称"铁血宰相"。

不同于很多羽状叶棕榈植物的秀美，霸王棕的气质如它的名字一样霸气外漏，同时还有另一个同样霸气的名字

——俾斯麦棕。

霸王棕在原产地马达加斯加可作为建筑材料。当地人用霸王棕的树干作柱子，叶柄和叶片作顶，可以完全只用霸王棕一种料搭建出一座房子。

霸王棕的叶片颜色是很有识别性的灰蓝色，叶片掌状浅裂，坚硬如盾牌。幼年的霸王棕和成年的霸王棕除干的高度有明显区别外，树冠的颜色、形态都很接近。

叶片脱落后残存叶鞘在与树干连接的基部开裂成两瓣，形成一个三角形缝隙。

多数棕榈植物的叶片枯萎后会自然脱落，有的完全脱落，留下光滑的树干；有的会残存一部分叶柄（叶鞘），所以树干被层层堆叠的叶鞘包围；也有的叶柄比较有韧性，叶片脱落后不会自然脱落，全部垂挂在树干上。这些残存的叶鞘和叶片的命运往往掌握在园林工人手中——是否剪掉、剪成什么造型，都取决于修剪师的个人风格。所以，有时你看到完全不同的两种树干，其实真的是同一种棕榈植物——其中，丝葵就经常以繁茂的叶裙和错落的叶鞘两个版本示人。

你以为它们长的不一样——其实只是修剪的方式不同。

丝葵

科属：棕榈科丝葵属
别名：华盛顿棕、老人葵
拉丁名：*Washingtonia robusta*
原产地：美国西南部或墨西哥西北部

丝葵的树干粗壮；掌状叶亮绿色，深裂，裂片间有白色的丝状纤维，像老爷爷的胡须（随着年龄增长会逐渐消失）——这也是它的别称"老人葵"的来历。

丝葵的叶柄比较软而有韧性，所以叶片干枯后不会自行脱落，而是萎蔫下垂，枯黄的叶片聚集在树干上，像夏威夷草裙一样，称为"叶裙"（78页左图）。

经过园林工人修剪的丝葵，叶片被修剪掉，会留下一段叶鞘，看起来和其他叶鞘宿存型的棕榈植物很像。丝葵的叶鞘外展更明显（跟树干所夹角度比较大），并且叶鞘基部与霸王棕一样，叉裂成两瓣，中间有三角形空隙（78页右图）。

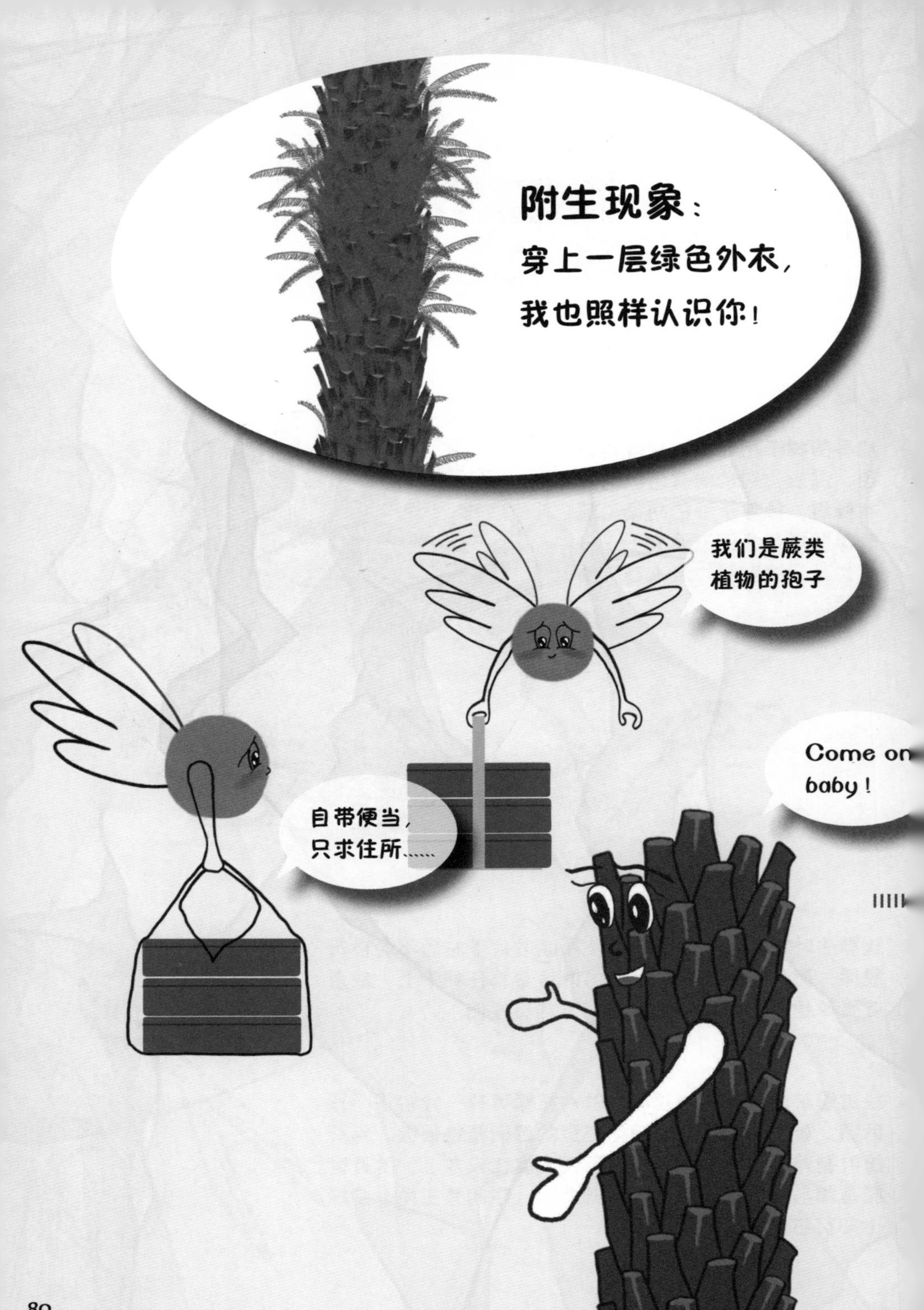
附生现象：
穿上一层绿色外衣，
我也照样认识你！
我们是蕨类
植物的孢子
自带便当，
只求住所……
Come on
baby！

叶鞘宿存的棕榈植物的树干上经常可见一些蕨类植物生长，这是因为它残存的叶基和树干形成的缝隙会积累灰尘，与空气中养分混合形成适合植物生长的腐殖质。蕨类植物的孢子或兰花种子会在其中落户生长，但它们生长所需的养分是从空气和腐殖质中获得，而不吸收棕榈植物本身的营养，棕榈植物就像蕨类植物的免费房东。这种"借住不借吃"的现象在植物界叫作"附生"。

棕榈植物叶鞘宿存的种类中经常可见这种附生现象，最典型的是银海枣和油棕。

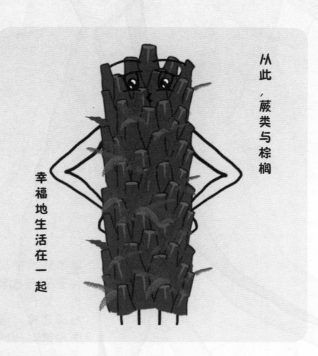

从此，蕨类与棕榈

幸福地生活在一起

从借住的植物本身吸收营养，影响植物房东生长的现象叫作"寄生"。

银海枣

科属：棕榈科刺葵属

拉丁名：*Phoenix sylvestris*

原产地：巴基斯坦、印度、不丹、尼泊尔、孟加拉国、缅甸

城市环境中蕨类及其他植物种子/孢子比较少，偶尔有蕨类"落户"，也可能会被人为清理掉，通常不能形成附生现象。所以，城市中的银海枣看起来比较"干净"。

银海枣羽状复叶茂密，小叶硬朗，花季过后树冠基部有一圈橙黄色的果序。树干粗壮通直，遍布棕褐色的叶鞘——叶鞘缝隙为热带草本植物提供了绝佳的生活场所，所以在条件较好、植物种子（孢子）丰富的环境（通常为野外）中，经常可以看到银海枣的树干被蕨类植物、兰花、天南星科植物等热带草本植物包裹，树干都变成了绿色。

野外环境中树干大变样的银海枣

棕榈科植物有 190 个属，很多属内的植物数量很少，所以多数棕榈植物难以在同属中找到很多相似种——刺葵属是个例外。刺葵属植物叶片都为一回羽状全裂，且叶片基部小叶会退化成刺状。

刺葵属内很多植物在我国都比较常见，包括本书中出现的银海枣、加拿利海枣、软叶刺葵。

仰视银海枣树冠，其基部小叶退化成针刺。

你看得出来么？下面这些好吃的都跟棕榈植物有着密切的关系。

砂糖椰子

科属：棕榈科桄榔属
拉丁名：*Arenga pinnata*
原产地：印度及东南亚

从很多棕榈植物的花序中都可以
提炼糖分，名字中有"糖"字的
无疑是含糖量更高的。砂糖椰子
便是其中的典型。

不同于多数棕榈植物球形和
半球形的树冠，砂糖椰子叶
片整体上扬，树冠形成一个
向上的扇形。从花序汁液中
可以提取糖分。

糖棕

科属：棕榈科糖棕属

别名：糖椰子、扇叶糖棕

拉丁名：*Borassus flabellifer*

原产地：印度、缅甸、斯里兰卡、柬埔寨

糖棕花序汁液同样含有大量糖分，可以用来酿酒、制糖、做饮料。

糖棕叶鞘特别的颜色使得糖棕也具有较强的识别性——叶柄上部是黄绿色，基部是黑色，残存的叶鞘是黑色，并且幼年糖棕叶鞘背面会透着橙黄色，所以糖棕的树干远望是明显的黑色和橙色。

糖棕果实

槟榔

科属：棕榈科槟榔属

拉丁名：*Areca catechu*

原产地：马来西亚（阴凉的溪流岸边）

中国台湾、海南、云南是槟榔的天下——从当地民间咀嚼槟榔果实的习惯就可见一斑。槟榔果实可提神、御寒、缓解疲劳，但过度依赖对口腔和牙齿有不良影响。

油棕

科属：棕榈科油棕属

拉丁名：*Elaeis gunieensis*

原产地：热带非洲

油棕整体形态和银海枣略相似，但油棕的树干更加粗壮，叶片更加茂密，且略下垂。由于其极高的产油量，油棕其实是一种重要的经济作物，在马来西亚等东南亚国家大面积种植。相比之下，它在园林观赏界的地位弱了很多。同时，油棕宽大的宿存叶鞘也是蕨类植物的挚爱，经常看到被蕨类植物层层包裹的油棕。

油棕果肉含油率达70%，种子含油率50%，是速生、高产的油料树种，号称"世界油王"。烘焙食品中常用的棕榈油的主要来源就是油棕。

在世界范围内，棕榈油产量极高，所以价格便宜。但棕榈油中的饱和脂肪酸含量超过一半（接近动物油脂），不如葵花籽油、玉米油、大豆油等植物油健康。所以，食用市售烘焙和油炸食品要节制哦。

16 傻傻分不清楚
——不像棕榈的棕榈植物
VS 像棕榈的非棕榈植物

这么多杆儿！
这真的是棕榈植物？？
这真的是棕榈植物？？
这真的是棕榈植物？？

什么？这是棕榈植物？
这真的不是竹子么？？？
这真的不是竹子么？？？
这真的不是竹子么？？？

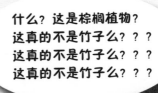

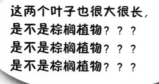

这两个叶子也很大很长，
是不是棕榈植物？？？
是不是棕榈植物？？？
是不是棕榈植物？？？

这个叶子也很大很长，
而且还是羽状复叶！
是不是棕榈植物？？？
是不是棕榈植物？？？

不像棕榈的棕榈植物

前面认识了这么多只有一根树干的棕榈植物，你可能错觉下面这些有好多杆儿的植物、甚至是没有树干的小型草本植物跟棕榈植物没有半毛钱关系——no, no, no, 棕榈植物其实是个热闹的大家族，除了单干型，丛生型（很多杆儿的）也比较常见，甚至还有攀缘藤本的棕榈植物（常见的藤椅等藤制家具用到的黄藤就是爬藤类的棕榈植物）。

散尾葵

科属：棕榈科马岛棕属
拉丁名：*Dypsis lutescens*
原产地：马达加斯加

北方人最常见的活的棕榈植物大概就是散尾葵了，作为重要的室内观叶植物装点厅堂、会场，地位不输龟背竹和春羽。当然，在南方更多的是室外种植。

散尾葵的树干幼年时黄绿色，老了会变成灰白色。羽状复叶生长在树干的中上部，柔软略弯曲，老叶变成黄色；冠茎、叶鞘、叶柄等结构也经常呈现黄绿色，所以 散尾葵远观经常夹杂着黄色。

丛生型的棕榈植物相对比较矮小，多数都可以作为室内盆栽，所以即使在北方也能作室内绿植。留心观察，你会发现下面几种丛生型棕榈植物其实经常出现在我们的身边。

袖珍椰子

科属：棕榈科袖珍椰子属

拉丁名：*Chamaedorea elegans*

原产地：墨西哥、委内瑞拉及中美洲热带地区

不论在哪里，如果想拥有一棵棕榈植物，最简单的方法，就是在办公桌上摆一盆袖珍椰子——是的，这是最小型的室内盆栽棕榈植物。当然，它也可以长成一米高的大型盆栽，在南方室外栽植也不在话下。

袖珍椰子叶片的 **绿色比较深**，小叶比较宽，而且相对稀疏。别看人家作盆栽的时候这么小巧优雅，室外栽植也是可以长到3米高的。

棕竹

科属：棕榈科棕竹属
拉丁名：*Rhapis excelsa*
原产地：中国东南部至西南部及日本

棕竹？棕榈？竹子？傻傻分不清楚——真的很像竹子啊！它也是很常见的丛生型棕榈植物，可以室内盆栽，可以室外种植。由于棕竹的掌状叶从基部开始裂成一条条小叶，跟竹叶很像，所以很容易被误会成竹子，连名字都带个"竹"字。但从茎干还是可以看出它和竹类的区别的——竹子的干往往是光滑的绿色或黄绿色，并且分成明显的一节一节；而棕竹的干深棕色，并且像很多棕榈植物一样，有宿存的叶鞘和厚厚的纤维包裹。

刺轴榈

科属：棕榈科轴榈属

别名：海南轴榈

拉丁名：*Licuala spinosa*

原产地：中国海南、印度及东南亚热带地区

刺轴榈的体型和棕竹很像，同样也是掌状叶从基部深裂，但刺轴榈的小叶基部窄，越往外越宽，像小朋友的风车。

像棕榈的非棕榈植物

棕榈植物的出现往往伴随着浓烈的热带风情，但也并非所有热带风情的代言都被棕榈植物垄断了，有几种植物凭借跟棕榈植物有几分相似的大叶子混入热带风情阵营——它们也的确常见于热带、亚热带，但并不属于棕榈科。

芭蕉

科属：芭蕉科芭蕉属
别名： 天苴、板蕉、牙蕉、大叶芭蕉等
拉丁名： *Musa basjoo*
原产地：琉球群岛

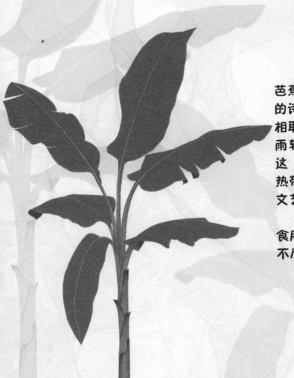

芭蕉在中国秦岭以南都可以种植。在古人的诗词中，芭蕉常常与孤独、忧愁的情绪相联系，著名的苏州园林拙政园中的"听雨轩"中就种植了一株芭蕉，听的就是这"雨打芭蕉"的诗情画意。但在更靠近热带的华南地区，芭蕉却告别了在江南的文艺形象，经常出没于农场、鱼塘边……

食用的香蕉和芭蕉同属但不同种，口味也不尽相同。

旅人蕉

科属：芭蕉科旅人蕉属

拉丁名：*Ravenala madagascariensis*

原产地：马达加斯加

传说在马达加斯加旅行的人，口渴时割开旅人蕉的叶柄基部，就可以得到其汁液解渴，所以才得名"旅人蕉"。同为芭蕉科（不同的分类系统中也有将旅人蕉单独作为一科的），但旅人蕉却不以果实见长，因为秀丽的外形，通常作为园林树种被种植在小区、公园中。

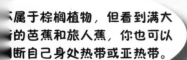

不属于棕榈植物，但看到满大街的芭蕉和旅人蕉，你也可以判断自己身处热带或亚热带。

这二蕉之所以和棕榈植物一样可以给人热带风情感，是因为它们在形态上的相似性：它们都有和羽状叶棕榈植物一样的大型叶片（长2～3米）——这也是人们对热带风情最明显的感知。但棕榈植物的叶片是**羽状复叶**，具有数量庞大的线性小叶，而芭蕉的叶片为完整的一片**单叶**。

此外，同为单子叶植物，芭蕉科与棕榈科植物都有直立且不增粗的茎干；并且芭蕉和旅人蕉的茎干也常被大型叶鞘包被。

苏铁

科属：苏铁科苏铁属

别名：铁树、辟火蕉、凤尾蕉等

拉丁名：*Cycas revoluta*

原产地：中国福建、台湾、广东

植物分类学之父林奈也曾经错把苏铁分到了棕榈科！

苏铁是苏铁科苏铁属（苏铁科仅有苏铁一属）植物的统称，其中还分为很多不同的苏铁种类。苏铁是地球上现存最古老的种子植物，曾经是恐龙的重要食物。

一回羽状复叶巨大、棕色叶鞘宿存，怎么这么眼熟呢？像什么呢？像什么？像什么？

在不了解植物分类的情况下，搞混了芭蕉与棕榈，可以理解；搞混了苏铁和棕榈，就更加理直气壮了，这说明你有植物学家的潜力——植物分类学之父林奈也觉得它俩非常像！当初就曾把苏铁分到了棕榈科！

啊！巨大的一回羽状复叶、棕色叶鞘宿存，我发现了新的棕榈植物！

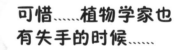

可惜……植物学家也有失手的时候……

但随着后来研究深入，植物学家们发现他们的祖师爷也犯了根本性的大错误——棕榈科是被子植物，具备完整的果实，种子藏在果实里面；**苏铁则是妥妥的裸子植物**，种子裸露在外面，没有果实包被。这玩笑可开大了——从进化的角度，被子植物出现得比裸子植物晚，当然也就进化出更高级的生存和繁殖策略。

植物界分裸子植物门和被子植物门。被子植物会开花，花产生果实，果实内部包被着繁殖器官种子，所以被子植物也叫种子植物或有花植物。我们看到的鲜花盛放的植物都是被子植物。

裸子植物的繁殖器官是**孢子**，产生孢子的结构是具有孢子囊的叶状结构——**孢子叶**。孢子叶有性别之分，雄性孢子叶叫作小·孢子叶，雌性的孢子叶称为大孢子叶。孢子叶按一定序列着生在叶子基部所形成的球果状或穗状结构叫作**孢子叶球**（我们通常所说的松柏类植物的"松果"，其实就是它们的孢子叶球，而非真正意义上的果实）。

苏铁的小·孢子叶球
由小·孢子叶聚生形成的为小·孢子
叶球，又称雄球花。

苏铁的大孢子叶球
由大孢子叶聚生形成的为大孢子
叶球，又称雌球花。

人们常说的"铁树开花"中的花，只是"球花"，就是上面这些孢子叶球，并非我们常识中那些美颜的鲜花——那是只有被子植物才有的呢！

主要参考书籍

廖启，杨盛昌，梁育勤. 棕榈植物研究与园林应用. 北京: 科学出版社，2012.

李尚志，陈巧玲，周威. 棕榈植物与景观. 北京: 中国林业出版社，2015.

王全喜，张小平. 植物学（第二版）. 北京: 科学出版社，2012.

后记

　　本书是深圳市知初自然文化传播工作室和中国林业出版社的首度合作，也是系列科普绘本《南国草木》的开篇。知初自然文化传播工作室将继续立足深圳，挖掘有趣的南国草木知识，用轻松有趣的方式向全国的大小朋友传播植物知识和文化。本书的顺利完成和出版以及知初自然文化传播工作室的发展得到了以下人士的指导和支持：深圳市仙湖植物园张寿洲主任、王晖博士；中国林业出版社编辑肖静；深圳市南山区香山里小学李红霞校长；我的先生、深圳市万科房地产有限公司景观设计部经理车迪；深圳市本末度景观设计有限公司植物设计总监蔡冰璇。在此表示真挚的感谢！

　　继《南国棕榈——热带风情代言人》之后，我们还将推出《南国花开》、《岭南佳果》、《南国海岸植物》、《雨林植物》等植物主题的科普绘本，敬请各位读者关注！

　　深圳市知初自然文化传播工作室 2016 年底成立于南国深圳，致力于围绕自然主题进行形式多样的青少年自然科普和文化传播工作，并通过与教育、设计等领域的跨界，拓展科普事业的市场关注度。目前的业务主要包括编撰自然科普绘本；编写博物教材，并在小学开展博物教育课程；营建校园科普空间以及策划科普展览等。

　　得益于深圳这座城市的活力与开放，自然教育和文化传播行业都有蓬勃发展的沃土，知初自然文化传播工作室也有幸得到深圳多所学校的领导、仙湖植物园多位专家的指导与支持，进行了多种科普形式的探索。

　　欢迎关注知初自然文化传播工作室的微信公众号码！

下面的物品/食品是用哪种棕榈植物制成的？

下面的物品是用哪种棕榈植物制成的？

找一找

下面的物品/食品是用哪种棕榈植物制成的？

猜一猜

以下物品和哪种棕榈植物有相似之处？

哪张贴纸中的植物和下面的植物是相同种类？

哪张贴纸中的植物和下面的植物是相同种类？

从贴纸中找出以下地区的代表性棕榈植物。

海南　　　　华南　　　　中部

贴纸中有哪些滥竽充数的"棕榈植物"？